Nilofar Shaikh
Sajid Mulla
Pallavi Shetfalkar

Efeito do jejum agudo em alguns aspectos do intestino de L. alte

Nilofar Shaikh
Sajid Mulla
Pallavi Shetfalkar

Efeito do jejum agudo em alguns aspectos do intestino de L. alte

Jejum e sistema digestivo

ScienciaScripts

Imprint
Any brand names and product names mentioned in this book are subject to trademark, brand or patent protection and are trademarks or registered trademarks of their respective holders. The use of brand names, product names, common names, trade names, product descriptions etc. even without a particular marking in this work is in no way to be construed to mean that such names may be regarded as unrestricted in respect of trademark and brand protection legislation and could thus be used by anyone.

Cover image: www.ingimage.com

This book is a translation from the original published under ISBN 978-3-659-92208-4.

Publisher:
Sciencia Scripts
is a trademark of
Dodo Books Indian Ocean Ltd. and OmniScriptum S.R.L publishing group

120 High Road, East Finchley, London, N2 9ED, United Kingdom
Str. Armeneasca 28/1, office 1, Chisinau MD-2012, Republic of Moldova, Europe
Printed at: see last page
ISBN: 978-620-7-89377-5

Efeito do jejum agudo em alguns aspectos do intestino de *Laevicaulis alte* (Ferussac, 1822)

Dr. Nilofar H. Shaikh, Sr. Sajid M. Mulla, Srta. Pallavi S. Shetfalkar, Miss. Priyanka T. Hulwan e Miss. Priya A. Pawar

Departamento de Zoologia

D. K. A. S. C. College Inchalkaranji,

Kolhapur, Maharashtra, Índia.

(Afiliada à Universidade Shivaji, Kolha pur)

Correio eletrónico do autor correspondente - Dr. Nilofar Himmat Shaikh

nilofarshaikh20@rediffmail.com

RECONHECIMENTO

É com imenso prazer que exprimo a minha sincera e sentida gratidão ao Exmo. Sr. **Diretor Dr. M. S. Hujare, D.** K. A. S. C. College Inchalkemji, Kolhapur, pela sua orientação versátil, encorajamento, apoio constante, motivação e crítica escolar, desde a seleção do problema até à conclusão do trabalho. Esta investigação não teria sido concluída sem a sua amável cooperação.

Agradeço ao Diretor do Departamento, **Dr. P. P. Pujari, do** Departamento de Zoologia, por me ter proporcionado as instalações necessárias para realizar esta investigação e por me ter encorajado a concluir o trabalho. Expresso igualmente a minha gratidão pela sua valiosa cooperação durante todo o trabalho do projeto.

Expresso os meus agradecimentos especiais ao pessoal docente e não docente pela sua amável cooperação e por todo o tipo de assistência durante o trabalho.

Estou sempre grato à lesma *Laevicaulis alte*, sacrificada durante o trabalho de investigação.

Por último, estou grato a todos os meus amigos.

Autores

ÍNDICE DE CONTEÚDOS:

CAPÍTULO 1

1. *Introdução*

A inanição ou jejum refere-se a uma exclusão completa de todos os alimentos, exceto a água (Lignot e LeMaho, 2012). Segundo McCue 2010, a inanição é a condição biológica em que os animais são incapazes de comer devido a uma limitação extrínseca do seu fornecimento de alimentos, ao passo que o jejum significa que os animais não podem comer devido a factores intrínsecos, enquanto os alimentos estão disponíveis. De acordo com Mattson e Wan, 2005, o jejum geralmente significa não ingerir alimentos e beber água durante um período de tempo. Também pode implicar beber água suficiente, mas evitar alimentos e líquidos calóricos durante o período de jejum.

Maughan et al., 2010, definiram o jejum como a ausência de ingestão de alimentos e líquidos, mas não há uma definição clara do momento após a última ingestão em que se pode dizer que o jejum começa. O período pós-jejum certamente dura várias horas, mas a duração dependerá da quantidade e do tipo de alimento que é ingerido. É claro que períodos prolongados sem ingestão de alimentos são prejudiciais tanto para a saúde como para o desempenho, mas é menos claro que períodos mais curtos de abstinência total de ingestão de alimentos, ou períodos mais prolongados de jejum intermitente, sejam necessariamente prejudiciais. Woods, 2003, observou que alguns benefícios do jejum, como a redução dos riscos de cancro, doenças cardiovasculares, diabetes, resistência à insulina, doenças imunitárias e, de um modo mais geral, o abrandamento do processo de envelhecimento e o potencial aumento da esperança de vida máxima. O jejum também é necessário para a purificação, rejuvenescimento, revitalização, pele mais clara, perda de peso, consciência espiritual e melhor resistência a doenças. Mas podem ocorrer bradicardia e hipotensão durante um jejum prolongado. O jejum tende a ter muitos benefícios para a saúde, mas muitos duvidam do seu efeito no sistema gastrointestinal.

Perante este cenário, era, portanto, importante investigar atentamente o efeito do jejum na motilidade e no trânsito intestinal. De acordo com o Dr. Joel Fuhrman, um verdadeiro jejum consiste na ingestão apenas de água e pode durar longos períodos de tempo. Ele sugere ainda que um jejum deve ser precedido por uma dieta saudável e deve também ser supervisionado por um médico experiente para garantir que não ocorram deficiências de quaisquer nutrientes (Fuhrman, 1995).

A maioria dos estudos sobre o jejum e o seu impacto positivo e negativo foi efectuada em alguns animais vertebrados. Starck, 2005 e Starck et al., 2007 trabalharam em dois padrões de resposta diferentes nas características digestivas que foram propostos para as espécies de vertebrados. Um padrão aplica-se a espécies em que os custos metabólicos da homeostasia são relativamente elevados e o trato gastrointestinal raramente está vazio (por exemplo, mamíferos e aves), enquanto o outro padrão se aplica a espécies em que os custos metabólicos da homeostasia são relativamente baixos e o trato gastrointestinal passa normalmente longos períodos de tempo sem alimentos (por exemplo, anfíbios e répteis). Para as primeiras espécies, a regulação intestinal implica principalmente ajustamentos nas taxas de renovação dos enterócitos, enquanto a estrutura da camada epitelial do trato digestivo permanece intacta, ou seja, um epitélio colunar simples (Burrin et al., 1988; Ferraris e Diamond, 1993; Dunel-Erb et al., 2001; Hume et al., 2002).

Os primeiros estudos investigaram a fisiologia do jejum e da fome em humanos, cães, gatos, coelhos, galinhas domésticas, faisões e pombos. Estes estudos incidiam principalmente sobre a perda de massa corporal, a excreção de urina e a cetose, ou seja, o aumento dos níveis sanguíneos de corpos cetónicos formados quando as reservas de glicogénio do fígado estão esgotadas (Chossat 1843; Schultz 1844; Bidder e Schmidt 1932; Falk e Scheffer 1854; Voit 1866, 1901; Schimanski 1879; Rubner 1881; Howe et al. 1912).

Nas últimas duas décadas, foram realizados estudos para avaliar o impacto do jejum no Ramadão sobre o trato gastrointestinal (GI). No entanto, os resultados têm sido heterogéneos, pelo que não existe consenso quanto à forma como o trato gastrointestinal pode ser afetado pelo jejum no Ramadão. Além disso, Ozkan et al., 2009, descobriram que um número significativamente maior de pacientes foi diagnosticado com hemorragia aguda do trato gastrointestinal superior durante o Ramadão, em comparação com um mês sem Ramadão, e sugeriram que o jejum durante o Ramadão "reactiva e agrava a gravidade e as complicações de doenças gastrointestinais pré-existentes, como a úlcera péptica e a gastrite". Emami e Rahimi, 2006, concluíram que o jejum durante o Ramadão pode aumentar a hemorragia gastrointestinal superior aguda, mas os doentes em jejum não têm um pior prognóstico do que os doentes que não jejuam.

O jejum e o sistema digestivo têm uma relação estreita entre si. Secor, 2001, sugeriu que o trato digestivo é a principal interface em termos de trocas materiais e energéticas entre os animais e o ambiente: liga diretamente o consumo de alimentos ao fornecimento de energia metabolizável. As adaptações do trato digestivo que permitem aos animais fazer face às alterações das exigências funcionais impostas ao sistema digestivo são importantes, pelo menos, por duas razões. Em primeiro lugar, maximizam o retorno global de energia e nutrientes da dieta específica que está a ser consumida. Em segundo lugar, permitem uma redução dos custos associados à manutenção de um dos sistemas mais dispendiosos do organismo em termos de necessidades energéticas e proteicas (Wang et al., 2006). Vários estudos anteriores relataram a influência da privação de alimentos nas estruturas dos tecidos e em vários órgãos em experiências com especial atenção para o estômago (Al-qudah, 2011), intestino, fígado (Alqudah, 2012), tiroide (Abdllah., 2011) e pâncreas (Kitagawa e Ono, 1986).

Nos peixes jovens, o trato digestivo é facilmente afetado pela inanição e as alterações histopatológicas que acompanham esta situação são um bom indicador da qualidade ambiental (Ehrlich et al. 1976, O'Connell 1976, Theilacker 1978).

As alterações histológicas induzidas pela fome pura devem ser distinguidas das alterações patológicas induzidas pela ingestão de material (Eckmann 1985). O peixe-leite Chanos chanos é um objeto ideal para este estudo, uma vez que esta espécie é economicamente importante em muitos países do Sudeste Asiático (Smith 1981). Além disso, apesar da sua importância, pouco se sabe sobre a sua biologia, pelo que o assunto merece ser investigado.

Do trato digestivo, o intestino é o órgão-chave para estudar o jejum e o seu impacto. Segundo Piersma e Lindstrom, 1997, o intestino delgado possui a capacidade adaptativa de alterar a forma e a função em resposta a mudanças na procura digestiva. Foi demonstrado que as alterações na composição da dieta, no tamanho e na frequência das refeições induzem alterações na morfologia e/ou na função do epitélio intestinal. Implicitamente, o aumento da massa húmida e seca dos órgãos intestinais (crescimento) associado a um elevado dispêndio de energia sugere a produção de tecidos e a atrofia sugere a atrofia celular, ou seja, a apoptose (Cossins e Roberts, 1996). As modificações estruturais dos epitélios do trato digestivo podem ser consequência de efeitos ambientais, como a ingestão de alimentos e a digestão (Iwai 1969, Noaillac-Depeyre e Gas 1974). No sistema digestivo, o intestino é a parte essencial onde se efectua a digestão e a absorção completas.

A Laevicaulis alte é vulgarmente designada por "lesma de folha de couro ou lesma de jardim indiana". Herbert e Kilburn (2004), trata-se de uma lesma invasora agro-horticultural grave. A lesma *Laevicaulis alte* é bem conhecida como uma praga dos canteiros de flores na Índia e como uma séria praga de jardim. Pode danificar seriamente as plântulas e as plantas jovens de feijão, couve, cabaça, alface e calêndula. Foi registado que esta lesma também danifica as plântulas de palmeiras (Kalidas et al 2006).

A informação disponível sobre o impacto do jejum no intestino dos animais moluscos é escassa. Por conseguinte, o nosso estudo foi concebido para distinguir as características do intestino. Os principais objectivos do presente estudo são os seguintes

1) Estudar o efeito do jejum agudo no peso bruto do corpo e no sistema digestivo de animais experimentais.
2) Estudar a histopatologia do intestino.
3) Estudar os parâmetros histoquímicos do intestino.

CAPÍTULO 2

2. Material e métodos

2.1. Animal para investigação

Para a presente investigação, foram seleccionados os moluscos *Laevicaulis alte* (6 cm, 2 cm L) (Fig. A). O manto é coriáceo e a sua superfície tem um aspeto ligeiramente granulado.

A concha está ausente. O manto cobre todo o dorso e sobrepõe-se à cabeça. Anteriormente, possui um par de tentáculos com olhos. Esta lesma pode crescer até 12 cm de comprimento (Ramakrishna et al 2014). Tem várias adaptações, como a superfície dorsal coriácea e o pé estreito, para reduzir a evaporação e viver em condições secas.

Uma boa precipitação no verão e um aumento da humidade relativa proporcionam um ambiente favorável ao crescimento e à abundância desta espécie (Brodie e Barker, 2012).

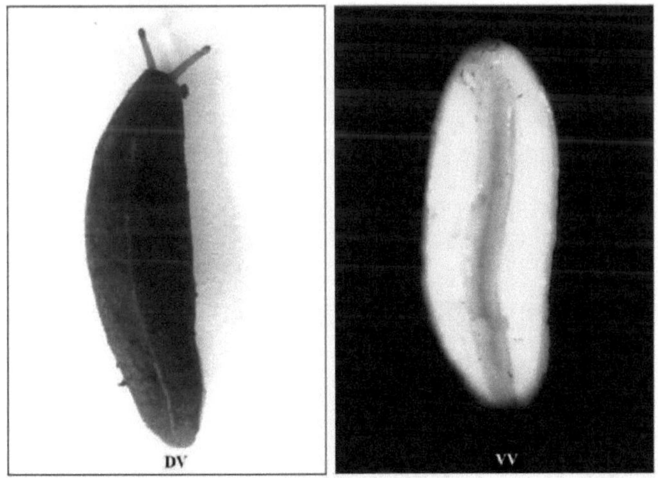

Figura A - Vista dorsal e ventral de *Laevicaulis alte.* DV- Vista dorsal, VV-Vista ventral.

2.2. Recolha de animais

Os *Laevicaulis alte* foram colhidos em Panmala de Satve Tai-Panhala, distrito de Kolhapur, Maharashtra, Índia. Foram levadas para o laboratório para estudo posterior. (Fig. B).

Figura B - Local de recolha de lesmas, ou seja, Panmalas da zona local.

2.3. Manutenção de laboratórios

Os animais recolhidos foram transportados para o laboratório utilizando garrafas de plástico arejadas.

Os animais foram mantidos em manjedouras ao ar livre (50 indivíduos por manjedoura), cobertas com fios modificados para proporcionar uma ventilação adequada.

Os animais foram autorizados a alimentar-se de folhas frescas de amoreira (Morus *indica).* Todos os animais foram mantidos para aclimatação em condições laboratoriais mantidas de água, temperatura e ar fresco. Os excrementos eram retirados diariamente do bebedouro e a limpeza era mantida por rotina (Fig. C).

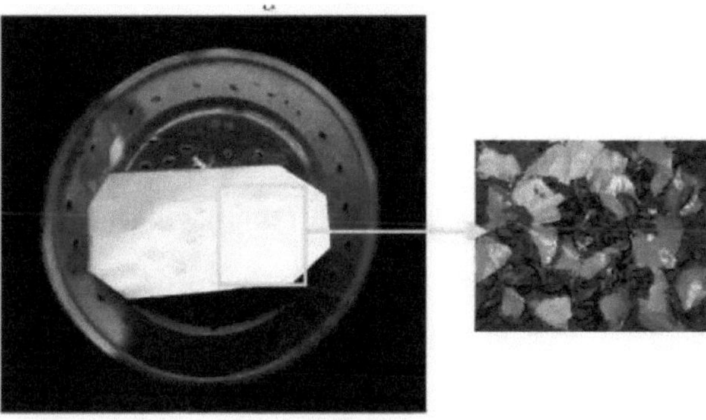

Figura C - Gaiola de criação de *Laevicaulis alte.*

2.4. Seleção do órgão

Para a presente investigação, o intestino foi selecionado como órgão experimental.

2.5. Configuração experimental

Foram seleccionadas para a experiência lesmas adultas saudáveis e aclimatadas. As lesmas experimentais foram divididas em 5 conjuntos (10 animais por conjunto) como grupo de controlo, conjunto I (jejum até 48 horas), conjunto II (jejum até 96 horas). Após a conclusão de cada período de exposição em jejum, os animais foram sacrificados para análise do trato digestivo e prosseguiram para investigação posterior.

2.6. Peso bruto

Após a conclusão de cada período de jejum, foram determinados o peso corporal e o peso do sistema digestivo.

2.7. Estudo histopatológico

Após a conclusão de cada período de jejum, ou seja, após 48 h e 96 h, os animais foram dissecados para o órgão desejado e fixados em solução de Bouins durante 6 a 7 h. Os tecidos fixados foram lavados com etanol a 70 % durante três dias, desidratados através de uma série graduada de etanol, limpos em xileno e embebidos em cera. Foram processadas simultaneamente secções em série (4 µm de espessura) dos tecidos visados para análise histológica e secções de 8 µm de espessura para análise histoquímica.

2.7.1. Técnica do hematoxileno de Harris (1900) e da eosina

Para o estudo histológico, as secções foram desparafinadas em xileno, hidratadas através de séries de álcool de 100%, 90%, 70%, 50% e 30% e, finalmente, levadas para água destilada.

Em seguida, as lâminas foram coradas com hematoxilina de Harris aquosa durante 5 minutos. As lâminas coradas foram diferenciadas em água destilada, desidratadas com álcool a 30%, 50% e 70%. Todas as secções foram tratadas com Eosina durante 45 segundos. Além disso, as secções foram diferenciadas em álcool a 70 %, desidratadas em álcool a 90 % e absoluto, limpas em xileno e montadas em DPX.

2.8. Estudo histoquímico

2.8.1. Mucosubstâncias neutras

a) Técnica do ácido periódico de Schiff (PAS) (McManus, 1946)

1 % de ácido periódico na reação PAS foi utilizado como agente oxidante durante 5 minutos. As secções foram lavadas com água destilada e tratadas com 1% de reagente de Schiffs durante 20 minutos. As secções foram lavadas três vezes (até 6 min) com 0,5 % de metabissulfato de sódio, lavadas com água destilada, desidratadas através de uma série de graus alcoólicos de ordem crescente, limpas em xileno e montadas em DPX.

O ácido periódico produz os aldeídos, que são necessários para a recoloração do regente de Schiffs. Grupos glicólicos 1: 2 recentes (CHOH-CHOH) foram quebrados pelo ácido periódico e convertidos em aldeídos (grupos CHO); estes grupos aldeídos têm reacções PAS positivas. Os aldeídos recolorem os reagentes de Schiffs incolores e, nas secções, os locais dos grupos hexose reactivos PAS que contêm mucosubstâncias foram corados de magenta a vermelho.

2.8.2. Mucosubstâncias ácidas

a) Azul de Alcian (AB) a pH 1,0 (Lev e Spicer, 1964)

As secções hidratadas foram levadas para água destilada e coradas durante 30 minutos com 1% de AB em HC1 0,1 N (pH 1,0). As secções foram colocadas em papel de filtro. Desidratadas, limpas em xileno e montadas em DPX. Apenas as sulfomucinas apresentaram uma coloração azul intensa.

b) Azul de Alcian (AB) a 2,5 (Lev e Spicer, 1964)

Após a hidratação, as secções foram levadas para água destilada e lavadas com ácido acético a 3 %. Coradas com 1 % de AB em 3 % de ácido acético a pH 2,5 durante 30 minutos. Lavadas com água destilada, desidratadas, limpas em xileno e montadas em DPX. As mucosubstâncias fracamente ácidas, como o ácido hilurónico e as sialomucinas, foram coradas a azul escuro.

2.9. *Análise estatística*

Os dados obtidos foram analisados estatisticamente através da aplicação Graph Pad InStat. As diferenças foram consideradas significativas quando os valores de p foram inferiores a 0,05.

CAPÍTULO 3

3. Resultados e discussão

3.1. Anatomia do sistema digestivo

Anatomicamente, o trato digestivo da *Laevicaulis alte* encontra-se bem desenvolvido, alongado, em forma de tubo enrolado e destinado a uma alimentação herbívora.

O aparelho digestivo de *Laevicaulis alte* divide-se em: boca, cavidade bucal e faringe, um pequeno esófago, papo tubular, estômago, intestino enrolado e o intestino grosso ou reto, que se encontra embutido na parede do corpo, na metade posterior direita do corpo (Fig. D e E). O nosso resultado é apoiado por Prakash et al, (2015).

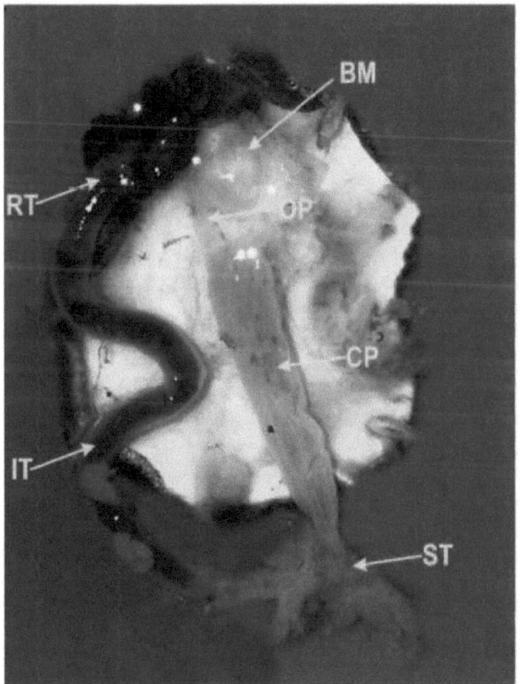

Figura D- Vista dissecada mostrando o sistema digestivo da lesma Laevicaulis alte. BM - Massa bucal, OP - Esófago, CP - Colo, ST- Estômago, IT - Intestino, RT - Reto.

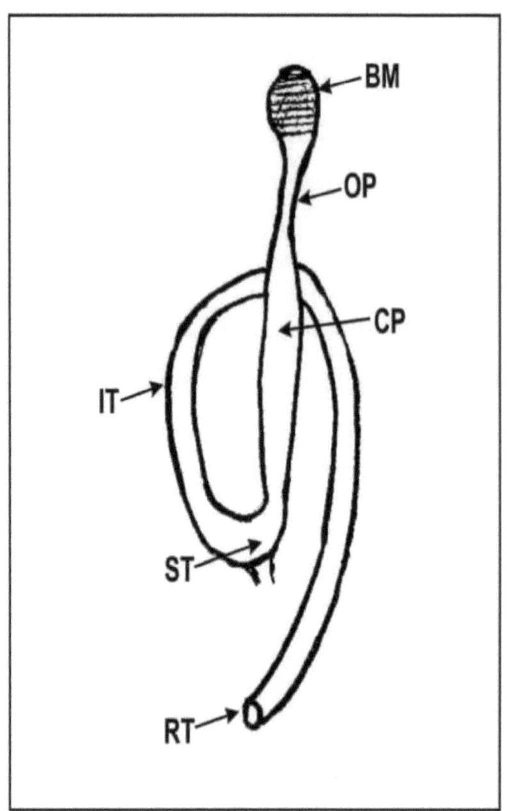

Figura E - Representação esquemática do sistema digestivo da lesma *Laevicaulis alte* . BM - Massa bucal, OP - Esófago, CP - Colo, ST- Estômago, IT - Intestino, RT - Reto.

3.2. Peso bruto

O peso corporal mostra uma diminuição significativa do peso corporal após 96 h de período de jejum (P<0,001). Após 48 horas, o peso corporal não diminuiu significativamente (P> 0,001).

O trato gastrointestinal apresenta uma diminuição significativa do peso. Após 48 horas de exposição em jejum, o peso do trato gastrointestinal diminuiu ligeiramente (P<0,05). Após 96 horas de jejum, o peso do trato gastrointestinal diminuiu significativamente (P<0,001).

O resultado indica a redução da frequência das refeições em jejum e os corpos gordos são utilizados para produzir energia. Tipos semelhantes de observação observados por Sherif Shawky et al. (2015), eles relataram que o jejum intermitente causa uma diminuição significativa (P <0,05) no peso corporal, peso do fígado e peso do estômago no rato.

A fome por dois dias reduziu significativamente o peso corporal do rato em comparação com o grupo de controlo (p <0,05), enquanto o aumento da duração da fome para quatro dias reduziu significativamente o peso corporal do rato em comparação com o grupo de controlo (p <0,01) (Bashandy e Seleem, 2014).

A restrição alimentar tem efeitos marcantes no desenvolvimento do peso corporal, acompanhada por uma redução da massa muscular e das reservas de gordura, o que pode ser explicado pelo fornecimento limitado de alimentos, que não era suficiente para satisfazer as necessidades calóricas (Mazeti e Furlan, 2008).

Outros resultados de Leiper e Prastowo (2000) e Bom et al, (1979) não mostraram uma perda significativa de massa corporal no Ramadão.

O peso detalhado do corpo e do aparelho digestivo dos animais de controlo e dos animais expostos a 48h e 96h de jejum foi registado no Quadro 1.

Parameters	**Control**	**Fasting group**	
		48 h	**96 h**
Body weight	1.8869±0.4275	1.6622±0.2932 **NS**	0.8437±0.3515********p*<0.001**
GI tract weight	0.3285±0.259	0.1290±0.030 ******p*<0.05**	0.0961±0.010********p*<0.001**

Tabela - 1 Efeito do jejum no peso corporal e no peso do trato gastrointestinal após jejum agudo. Cada grupo é comparado com o grupo I (grupo de controlo) *p<0,05- Significativo, **p<0,01- Moderadamente significativo, ***p<0,001- Altamente significativo, NS: Não significativo

3.3. Estudo histopatológico do intestino

3.3.1. Grupo de controlo

As secções de controlo do intestino mostraram células colunares absorventes que compunham a parede interna formando pregas. No intestino, estão presentes células caliciformes. As células colunares absorventes são constituídas por cílios e núcleos em posição basal. Todas estas células epiteliais estão ligadas à camada muscular por tecido conjuntivo frouxo (Fig. F e G).

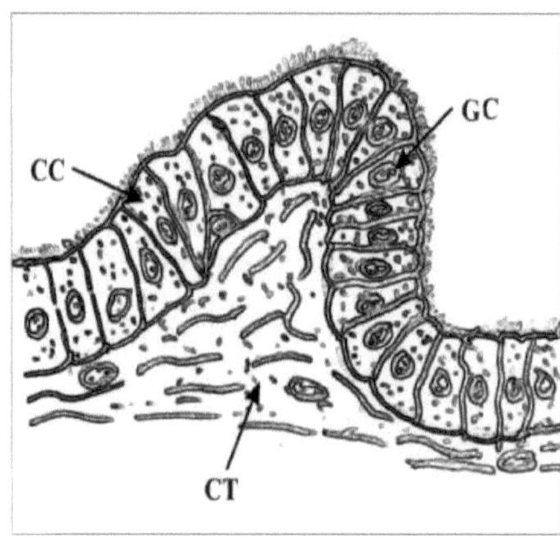

Figura F- Apresentação esquemática do Intestino mostrando a disposição das células.

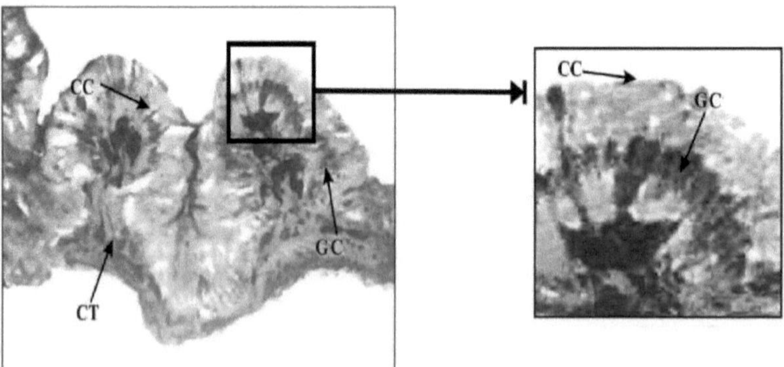

Figura G - Secções do intestino do grupo de controlo coradas com HE mostrando diferentes células. CC- Células colunares, GC- Células caliciformes, CT- Tecido conjuntivo.

Observações histológicas semelhantes foram registadas por Barker (2001) em alguns animais estilomatóforos. Foram encontrados dois ou mais tipos de células secretoras no intestino de gastrópodes pulmonados, incluindo células mucosas e outras células secretoras (Triebskom,1989; Boer & Kits, 1990; Franchini & Ottaviani,1992; Leal-Zanchet, 1998, 2002). Numerosas microvilosidades adornam o epitélio intestinal, que é composto por muitas células caliciformes e absorventes que desempenham uma função lubrificante e ajudam a digestão e a absorção dos alimentos (Gartner et al., 2002).

3.3.2. 48 h de jejum

Após 48 horas de jejum, o arranjo intestinal apresentou-se ligeiramente alterado, incluindo a degeneração das fibras musculares e a dilatação dos núcleos. Surgiu uma lacuna entre as células epiteliais e o tecido conjuntivo, devido à qual ocorreu um desarranjo das células epiteliais. As células colunares absorventes mostraram alongamento e encolhimento. Para além desta alteração, observámos uma disposição semelhante do intestino após 48 horas de jejum, em comparação com o grupo de controlo (Fig. H).

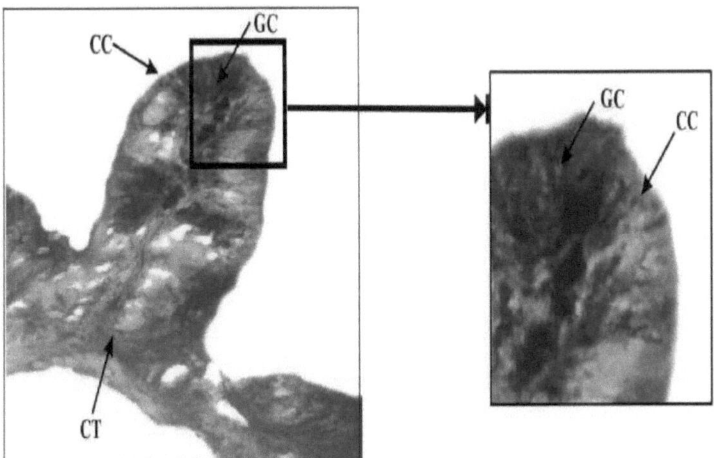

Figura - H Alterações no intestino após 48 h de jejum. CC- Células colunares, GC- Células caliciformes, CT - Tecido conjuntivo.

3.3.3. 96 h de jejum

O exame de secções do intestino coradas com H&E após 96 h de inanição mostrou úlcera intestinal com atrofia do epitélio de revestimento e núcleos achatados. Algumas células colunares de absorção estavam vacuoladas (Fig. I). Algumas células das glândulas mucosas apresentavam vacuolação com degeneração e perda de algumas outras células. As células colunares de absorção encontram-se altamente vacuoladas e encolhidas. Após 96 horas de jejum, verificou-se uma elevada degeneração do tecido conjuntivo. As vilosidades e microvilosidades apresentam um comprimento reduzido.

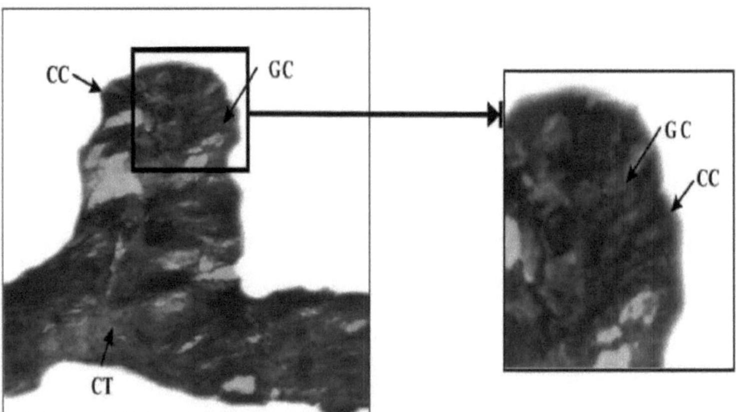

Figura I Alterações no intestino após 96 h de jejum. CC- Células colunares, CG- Células caliciformes, TC - Tecido conjuntivo.

O epitélio da mucosa muda de aspeto, passando de um epitélio colunar simples para um epitélio pseudo-estratificado (Gas e Noailliac-Depeyre, 1976; McLeese e Moon, 1989; Hall e Bellwood, 1995; Gaucher et al., 2012); o número e a altura das pregas da mucosa são claramente reduzidos (McLeod, 1978; McLeese e Moon, 1989; Hall e Bellwood, 1995; Gwack et al., 1999; Gaucher et al., 2012). Pelo menos em alguns casos, o comprimento das microvilosidades é reduzido (Zeng et al., 2012b).

Nos pitões em jejum, o epitélio da mucosa era pseudo-estratificado, com numerosas camadas de núcleos (Matthias e Kathleen, 2001). Isso está de acordo com o estudo anterior de Kotal *et al.* (1996), onde os autores relataram que o jejum diminuiu a motilidade intestinal em ratos. Chediack et *al.* (2012), onde uma diminuição da motilidade do intestino delgado foi associada à redução da histologia do intestino delgado: perímetro, espessura da mucosa, altura e largura das vilosidades e Funes et *al.* (2014), onde os autores sugeriram que o jejum induz a atrofia do intestino delgado, o que pode provavelmente levar a uma diminuição da motilidade intestinal.

3.4. Estudo histoquímico

3.4.1. Grupo de controlo

Estavam presentes componentes PAS-positivos no citoplasma das células colunares, das células mucosas e das células secretoras. O corante fúcsia básico do reagente de Schiffs revelou elementos de hidratos de carbono básicos no citoplasma das células intestinais (Fig. J). A porção de glicogénio da região das células ciliadas colunares foi extensivamente corada com PAS positivo. A pH 1,0, os componentes ácidos como as sialomucinas e as sulfomucinas fracamente ácidas foram corados de azul intenso na vista em corte do intestino do grupo de controlo.

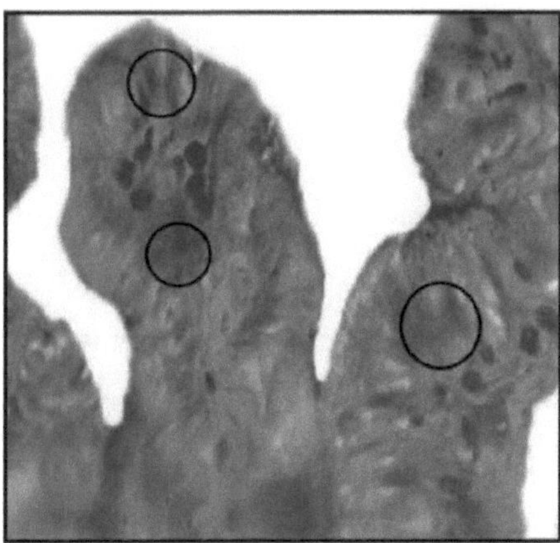

Figura J- PAS- parte positiva no grupo de controlo. Círculo - componente PASpositivo

As células intestinais mostraram a presença de material ácido após coloração com azul de alcian a pH 1,0 (Fig. K). A pH - 2,5, o azul de alcian foi exclusivamente corado, o que indicou a presença de grupos sulfatados como o sulfato de condrotina e o sulfato de dermatina na vista em corte do intestino de controlo. (Fig. L).

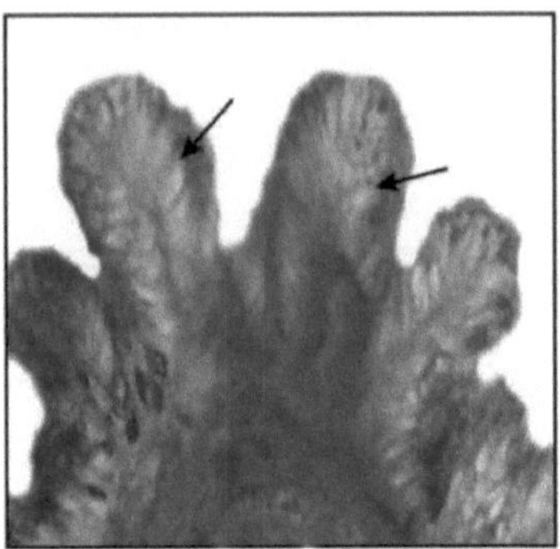

Figura K- AB- P^H 1.0 secções coradas mostrando mucosustâncias ácidas. Seta - mucinas ácidas fortes.

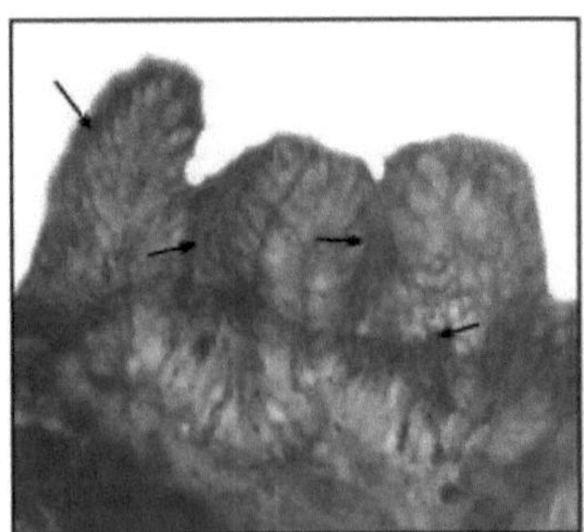

Figura L- AB- P^H Secções coradas com 2,5 mostrando mucosustâncias ácidas. Seta dupla - mucinas ácidas fracas.

Purushothaman et al., (2016) o epitélio intestinal, à semelhança do esófago e do reto, apresentou uma coloração positiva para glicoproteínas ácidas e neutras. Além disso, a coloração AB foi positiva tanto a pH 0,5 como a pH 2,5, indicando a presença de glicoproteínas sulfatadas e carboxiladas, respetivamente, no grupo de controlo do robalo asiático (Lates *calcarifer}*.

3.4.2. 48 h de jejum

Após 48 horas, o teor de hidratos de carbono corados com PAS das secções intestinais foi ligeiramente reduzido, com um ligeiro aumento do teor de ácidos fortes e fracos (Fig. M, i). Após 48 horas, as mucosubstâncias ácidas estavam marcadamente aumentadas com mucinas neutras reduzidas (Fig. M, ii).

Nas técnicas de coloração AB pH-2,5, diferentes células do intestino foram coradas a azul-escuro, indicando um aumento das mucosubstâncias ácidas, como o ácido hialurónico, os sialomucos e a mucina sulfatada (Fig. M, iii).

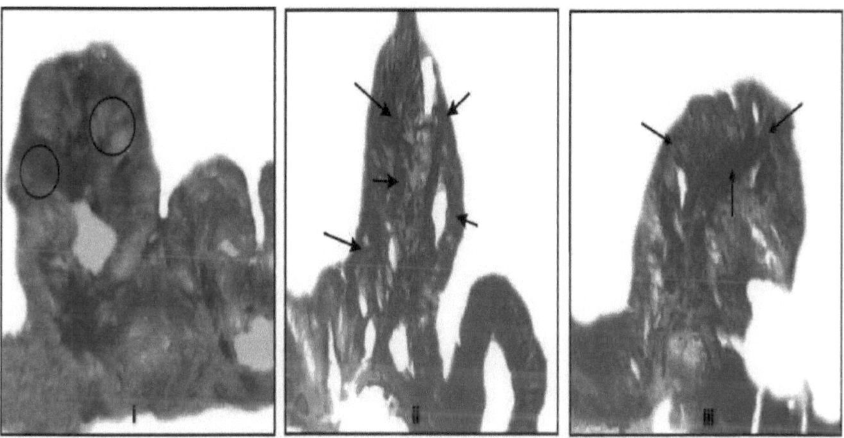

Figura M- Mostrando a diminuição das mucosubstâncias neutras e o aumento das mucosubstâncias ácidas após 48h de jejum. Círculo - PAS - componente positivo, Seta - mucinas ácidas fortes, Seta dupla - mucinas ácidas fracas.

3.4.3. 96 h de jejum

Em 96 h de jejum, os elementos de glicogénio das células intestinais foram alterados com uma intensidade de coloração reduzida (Fig. N, i). As secções coradas com AB pH -1,0 mostraram um aumento das sulfomucinas (Fig. N, ii). Os elementos PAS positivos diminuíram (Fig. N, i). Após 96 horas de jejum, as secções intestinais coradas com AB pH -2,5 revelaram um aumento das mucosubstâncias ácidas, incluindo ácido hialurónico, sialomucinas e mucina sulfatada. As porções de glicogénio estavam fortemente diminuídas (Fig. N, iii). O teor de mucinas neutras diminuiu acentuadamente com o aumento das mucosubstâncias ácidas.

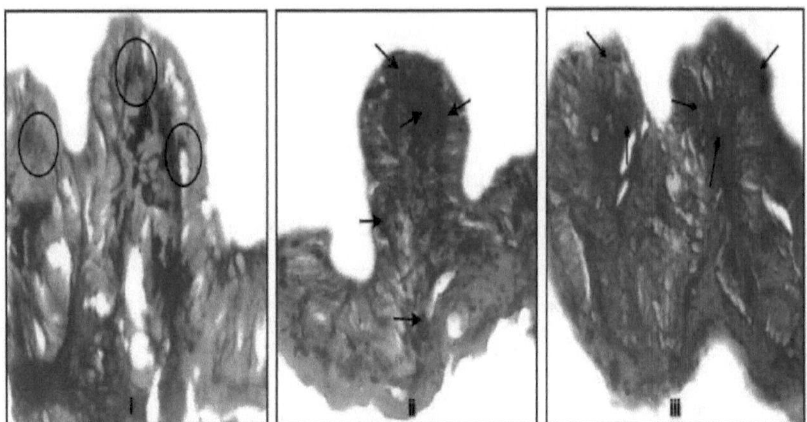

Figura N- Mostrando a diminuição das mucosubstâncias neutras e o aumento das mucosubstâncias ácidas após 96 h de jejum. Círculo - PAS - componente positivo, Seta - mucinas ácidas fortes, Seta dupla - mucinas ácidas fracas.

Os hidratos de carbono, as proteínas e os lípidos são componentes básicos do metabolismo, da produção de energia e das actividades biológicas essenciais. Kiernan (2010) documentou os hidratos de carbono histoquímicos como moléculas grandes na superfície exterior de todos os tipos de células com a sua secreção e armazenadas no interior da célula e da MEC. Varadraj et al. (1994) observaram alterações nas proteínas de glicogénio e nos lípidos do fígado, brânquias, manto e pé de *Pila globosa* após tratamentos de efluentes de curtumes.

A depleção do conteúdo de glicogénio pode dever-se à sua rápida utilização na reação metabólica para satisfazer as necessidades energéticas sob o stress agudo do jejum. Da mesma forma, os trabalhadores observaram uma diminuição da concentração de mucosubstâncias neutras com uma concentração elevada de conteúdo ácido devido ao stress contra a toxicidade nas células e glândulas de muitos órgãos de animais invertebrados (Uerman e Chand, 1986; Valarmathi,

2000). Após 96 horas de jejum, observámos um aumento das substâncias mucosas ácidas. Thurberg et al, (1974), observaram alterações histoquímicas na glândula digestiva do *Homarus americanus* onde documentaram um aumento da concentração de mucosubstâncias ácidas nos tecidos/células do animal experimental.

CAPÍTULO 4

4. Conclusão

Neste estudo, verificou-se que o jejum agudo provoca uma redução óbvia no peso do corpo e dos órgãos, bem como leva a alterações histológicas e químicas, ou seja, encolhimento das células colunares, dilatação das células secretoras de muco e redução das substâncias neutras do muco, respetivamente. A partir deste estudo e de outros estudos, a nossa conclusão é que a fome induziu alterações estruturais no intestino que estavam em proporção direta com a duração do jejum.

CAPÍTULO 5

Referências

Abdllah, A. (2011): Efeitos histológicos do jejum e subsequente re-alimentação em olículos da tiroide de coelhos análise morfométrica. Tikrit Journal of Pure Science; 16 (2): 12-16.

Al-qudah, M. (2012): O exame histológico do fígado de ratos albinos machos que foi exposto ao stress da fome. World applied sciences J. 16(10): 1427-31.

Bashandy e Seleem, (2014). Efeito do stress da fome e da sede na mucosa fúndica do estômago de ratos albinos fêmeas adultas Estudo histológico, histoquímico e imunohistoquímico). 10(10):264-273.

Bidder F, Schmidt C (1932) Die Verdauungssafte und der Stoffwechsel. Mitau und Leipzig, 413p

Born, M. Elmadfa, I. Schmahl, F.W. (1979). Auswirkungen eines periodischen Fliissigkeits- und Nahrungsentzuges, Muench, med. Wschr. 121; 1569-1572.

Brodie. G., Barker, G.M., (2012). Laevicaulis alte (Ferussac, 1822). Família Veronicellidae. USP Introduziu caracóis terrestres da série de fichas técnicas das Ilhas Fiji, 3.

Burrin, D.G., Britton, R.A., Ferrell, C.L., (1988). Tamanho dos órgãos viscerais e atividade metabólica dos hepatócitos em ratos alimentados e em jejum. J. Nutr. 118, 1547-1552.

Chossat C (1843) Recherches experimentales sur l'inanition. III. De l'alimentation insuffisante. Ann Sci Nat Zool 20(2): 182-214

Cossins, A. R. e Roberts, N. (1996). The gut in feast and famine. *Nature* 376, 23.

Dunel-Erb, S., Chevalier, S., Laurent, P., Bach, A., Decrock, F., Le Maho, Y., (2001). Restauração da mucosa jejunal em ratos alimentados após jejum prolongado. Comp. Biochem. Physiol. A 129, 933-947.

Eckmann. R. (1985). Alterações histopatológicas no intestino de larvas de peixe branco (Coregonus sp.) criadas com zooplâncton do Lago Constança. Dis, aquat Org 1: 1-17

Ehrlich, K. F., Blaxter, J. H S., Pemberton, R. (1976). Morphological and histological changes during the growth and starvation of herring and plaice larvae. Mar. Biol. 35:105-118

Emami, M. e Rahimi, H. (2006). Efeitos do jejum do Ramadão na hemorragia gastrointestinal superior aguda devida a úlcera péptica. Jornal de Investigação em Ciências Médicas; 11(3): 170-5.

Falk C, Scheffer T (1854) Untersuchungen uber den wassergehalt der organe durstender und nicht durstender hunde. Arch Physiol Heilk 13:509-522

Ferraris, R.P., Diamond, J.M., (1993). Sítio cripta/vilo da regulação dependente do substrato dos transportadores intestinais de glucose do rato. Proc. Natl. Acad. Sci. U. S. A. 90,5868-5872.

Funes, C.I. Filippa V.P., Cid, F.D. Mohamed, F. Caviedes-Vidal, E. J.G. (2014). Efeito do jejum no sistema digestivo: estudo histológico do intestino delgado em pardais domésticos, Tissue Cell. 46:356-362.

Gas, N., Noailliac-Depeyre, J., (1976). Estudos sobre a involução do epitélio intestinal durante o jejum prolongado. J. Ultrastruct. Res. 56, 137-151.

Gaucher, L., Vidal, N., D'Anatro, A., Naya, D.E., (2012). Flexibilidade digestiva durante o jejum no peixe characídeo Hyphessobrycon luetkenii. J. Morphol. 273, 49-56.

Gartner LP, Hiatt JL, De Souza LF, Sales MdGF. (2002). Atlas colorido de histologia. 3rd dition. Rio de Janeiro: Guanabara Koogan.v.

Hall, K.C., Bellwood, D.R., (1995). Efeitos histológicos do cianeto, do stress e da fome na mucosa intestinal de Pomacentrus coelestis, uma espécie de peixe de aquário amarela. J. Fish Biol. 47, 438-454.

Herbert D, Kilburn D. (2004). Field guide to the land snails and lugs of eastern South Africa (Guia de campo dos caracóis terrestres e dos caracóis da África do Sul oriental). Pietermaritzburg: Natal useum, 336.

Hume, I.D., Beiglbock, C., Ruf, T., Frey-Roos, F., Bruns, U., Arnold,W., (2002). Alterações sazonais na morfologia e função do trato gastrointestinal de marmotas alpinas (Marmota marmota) de vida livre. J. Comp. Physiol. B. 172, 197-207.

Howe PE, Matthill HA, Hawk PB (1912) Fasting studies: VI. Distribuição do azoto durante um jejum de cento e dezassete dias. J Biol Chem 11:103-127.

Iwai, T. (1969). Estrutura fina das células epiteliais intestinais da carpa larvar e juvenil durante a absorção de gordura e proteína. Arch, histol. jap. 30: 183-199v

Kalidas P, Rao CV, Nasim Ali, Babu MK. (2006). Nova incidência de pragas em plântulas de dendezeiro na Índia: Um estudo da lesma preta (Laevzcaulzs *alte).* Planter; 82(960):181-186.

Kitagawa, T e Ono, K. (1986): Ultra-estrutura das células exócrinas pancreáticas do rato durante a inanição. Histologia e histopatologia; 1:49-57.

Leiper, J.B. Prastowo, S.M. (2000). Effect of fasting during Ramadan on water turnover in men living in the tropics, J. Physiol. 528, 43.

Lignot, J.H. e Y. LeMaho, (2012). A History of Modem Research into Fasting,

Starvation and InanitionJn: Fisiologia comparativa do jejum, fome e limitação alimentar.

Lev R, Spicer SS (1964). Coloração específica de grupos sulfato com Alcian blue a pH J. Histochem. Cytocheml2: 309.

Me Manus JFA (1946). Demonstração histológica da mucina ácida após ácido periódico. Nature 158: 202.

Maughan, R, J., Fallah, S., E F Coyle, E.F. (2010). Os efeitos do jejum no metabolismo e no desempenho. *Br J Sports Med* 2010;44:490^194.

Mattson, M.P. e R. Wan, (2005). Efeitos benéficos do jejum intermitente e da restrição calórica nos sistemas cardiovascular e cerebrovascular. J. Nutr. Biochem., 16: 129-137.V

Mazeti, C.M. e M.M.D.P. Furlan, (2008). Crescimento e parametros reprodutivos de ratas Wistar sob restrigao alimentar desde o nascimento, Ata Sci. Biol. Sci. 30; 197-204 .

McCue, M.D, (2010). Fisiologia da fome: Revisando as diferentes estratégias que os animais usam para sobreviver a um desafio comum. Comp. Biochem. Physiol. Parte A: Mol. Integr.Physiol., 156: 1-18.

McLeese, J.M., Moon, T.W., (1989). Alterações sazonais na mucosa intestinal da solha de inverno, Pseudopleuronectes americanus (Walbaum), da Baía de PassamaquoddyNew Brunswick. J. Fish Biol. 35, 381-393.

McLeod, M.G., (1978). Effects of salinity and starvation on the alimentary canal anatomy of the rainbow trout Salmo gairdneri Richardson. J. Fish Biol. 12, 7179.

O'Connell, C. P. (1976). Histological critena for diagnosing the starring conditions m early post yolk sac larvae of the northern anchovy, Engraulis mordax Girard. J. exp. Mar Biol. Ecol. 25: 285-312

Ozkan, S., Durukan, P., Akdur, O.,Vardar , A., Torun, E., Ikizceli I. (2009). O jejum do Ramadão aumenta a hemorragia gastrointestinal superior aguda? J Int Med Res; 37(6): 1988-93.

Piersma, T. e Lindstrom, A. (1997). Mudanças rápidas e reversíveis no tamanho dos órgãos como um componente do comportamento adaptativo. *Trends Ecol. Evol.* 12, 134-138.

Prakash, Verma A, Mishra, B.P., (2015). Anatomia do trato digestivo da lesma de jardim indiana, *Laevicaulis alte* (Ferussac, 1822) IJFBS 2015; 2(6): 38-40

Ramakrishna, S., Jayashankar, M., Alexander, R., Thanuja, B.G., Deepak, P., (2014). Análise de Pesquisa Global; 3(3): 180- 181.

Rubner M (1881) Ueber den Stoffverbrauch im hungemden pflanzer fresser. Ztschr Biol 27:214-238

Secor, S.M., (2001). Regulação do desempenho digestivo: uma proposta de resposta adaptativa. Comp. Biochem. Physiol. 128A, 565-577.

Schimanski H (1879) Der inanitions- und fieberstoffwechsel der huhner. Ztschr f physiol Chemie 111:396-421.

Schultz CH (1844) Ueber den zustand des blutes in einem verhungemten protens sowie in erhungerten katzen und kaninchen. Beitr Physiol pathol Chem u mikrosc In Anw a.d. prakt. Med 1:567-571

Shawky S. M., ZaidA. M, Sahar H. Orabi S.H., Shoghy K. M., Hassan W. A. (2015). Efeito do jejum intermitente em neurotransmissores cerebrais, atividade fagocítica de neutrófilos e achados histopatológicos em alguns órgãos em ratos.3 (ll); 38-45.

Starck, J.M., (2005). Flexibilidade estrutural do sistema digestivo dos tetrápodes - padrões e processos a nível celular e tecidual. In: Starck, J.M., Wang, T. (Eds.), Physiological and Ecological Adaptation to Feeding in Vertebrates. Science Publishers, New Hampshire, pp. 175-200.

Starck, J. M., Cruz-Neto, A. P. e Abe, A. S. (2007). Respostas fisiológicas e morfológicas à alimentação em jacarés-de-papo-amarelo (Caiman latirostris). J. xp. Biol. 210, 2033-2045.V

Thedacker, G. H. (1978). Effect of starvation on the histological and morphological charactenstics of jack mackerel, Trachurus symmetricus larvae. Fish. Bull. U. S. 76: 403414.

Triebskom, R. (1989). Alterações ultra-estruturais no trato digestivo de *Derocerras reticulatum* (Muller) induzidas por um moluscicida carbamato e por etaldeído. Malacologia. 31(1): pl41-156.

Voit E (1866) Ueber die verschiedenheiten der eiweisszersetzung beim hungem. Ztschr Biol 2:307-365

Woods, M., (2003). Os ratos vivem mais tempo em jejum; e os humanos? Pittsburgh Post Gazette.

Printed by Books on Demand GmbH, Norderstedt / Germany